Paris en Vert

パリ・オン・ヴェール

緑色のパリ

街をささえる人、彩るモノ

写真と文・田中淳

ゴミ箱やゴミ袋の色。
ゴミを収集したり、街を掃除したりする人のユニフォーム。
パリでは緑で統一されてきた。
世界で最も観光客を惹きつける、
シックで美しい街並みのあちこちに、
この緑が点在する。
違和感は、ある。でも、それが、いい。
何故ならパリは「美」と「憧れ」だけを
集めた想像上の都市ではなく、
生身の人間がひしめき合いながら暮らす、現実の町なのだ。
「愛情」も溢れれば、「ゴミ」も溢れる。
それらを処理し、日常をささえる。
「緑」が日夜活躍している。

Préface

「華の都」を ささえる人びと

中学生のころだったと思う。
何の授業だったか忘れてしまったが、先生が「パリの街は汚い」と歴然と言った。
ゴミや犬の糞があちこちに落ちていて、道がとても汚れているというのだ。
そのころ、海外、特にヨーロッパの美しい街並みに漠然とした憧れを抱いていた僕は、少なからずショックを受けた。30年以上前の話である。
大人になって、初めてパリへ行くことになったとき、そのときの話が思い出された。
写真や映像を見て膨らませてきた美しい街のイメージ。その華麗な姿をこの目で見ることができる。そんなワクワクする気持ちの片隅に、どうしても引っかかってしまう。本当は汚いのだろうか……と。

訪れてみると、果たしてそこは素晴らしかった。統一された景観と街並みの美しさに感動した。
芸術作品のようなリヨン駅の駅舎、歴史を感じさせるマレ地区の石畳、力強く大きな木々を配すサン・ジェルマン・デ・プレの並木道、自由を謳歌するように人々が寛ぐカフェ……、初めて目の当たりにする様々な物事に驚き、興奮した。
街も、あのとき先生が言っていたほど、汚れているとは思わなかった。

翌朝、散歩をしようと宿を出た。昨夜に比べとても静かだった。太陽が金色の光線で街を照らしている。ひんやりとした空気が気持ちいい。深呼吸をして一歩踏み出した。あ……あった。
こう書くと、探していた大切な物を偶然見つけた喜びのようにとられるかもしれないが、そうではない。あのとき先生が言っていた、いわゆる犬の落し物が、僕の靴の爪先三寸のところに転がっていたのである。
行く手を見渡せば、そのシルエットは一つではない。コロコロとした小物から、かなりの大物、それに、日光を浴びるミーアキャットよろしく、キッと立ち上がったオブジェのように見事な形状の物体まである。50メートルほどの道のあちこちに、それらは異様な存在感を持って点在していた。

あちこちで犬が散歩していた。もちろんご主人も一緒なのだが、そのほとんどがリードで繋がれることなく自由に歩き回っている。付かず離れず、適度に距離を保ちながらの人と犬との散歩姿は、互いを信頼しきったような雰囲気があって、とても格好よく見えた。
しかし、犬たちは自ら選んだ場所において、自らの意志によって大なり小なりモノするわけで、その間、人は人で自分のペースで散歩を続け、パートナーがそこで落し物をしたことなど知る由もない。もしくは全く気に留めない。ペットの世界をもひっくるめた個人主義の風潮と言うべきか。それにしてもまぁ、こんなに、所構わず……。

足もとに十分気をつけながら散歩を続けた。美しい街の景観に、気持ちの100%をゆだねてしまうことは危険だった。景色を堪能して、下を見て歩く。そしてまた景色を楽しみ、注意しながら歩く。その繰り返しだった。
ところが、小一時間ほどかけて界隈を一回りし、宿の近くに戻ってみると、そこは別世界になっていた。
無い。無いのだ。あれも、これも、あのオブジェのような立派なヤツも跡形無い。路面は濡れて、所々ピカピカ光っている。すっかり綺麗に掃除されているのだ。人通りの少ない通りのずっと先に、緑色の撒水車がゆっくり進んでゆくのが見えた。緑色の箒を手に、ゴミや汚物を道路脇の溝に流し込む作業員の姿もあった。緑色のユニフォームを着ている。
カッコいい……。ある意味、彼らがこの街をささえている。そう思った。

この写真集は、1995年から幾度も訪ねたパリで出会った清掃作業員の方々や、ゴミ収集車、ゴミ箱、ゴミ袋をはじめとした、街で目にする様々な「緑色」を、写真と文章で綴った作品集です。
「華の都」とも表現されるパリは、人びとの憧れでもあり、美しくカッコいい。けれども、ツッコミどころもいっぱいあって、愛らしく慕わしい。そんな街の日常を支える人びとや街の様子を、この本を通して楽しんでいただけたら、とても嬉しいです。

もっとも、2000年代になって、犬の糞を以前ほど見かけなくなったことを、一言付け加えておかねばなりません。飼い主に犬の糞の処理を義務づけた法律ができたことから、少しずつ様子が変わっていったのでしょう。しかし何より、我が町を綺麗にしたいという市民の思い、行政による清掃作業の強化、作業員の皆さんの頑張りが大きいのではないかと、僕は勝手に思っています。
それでもまだ、踏んづけてしまってヒーッ！　ってこともありますが、そんな時は、

Ça porte bonheur !
（それは幸運を運んでくる！）

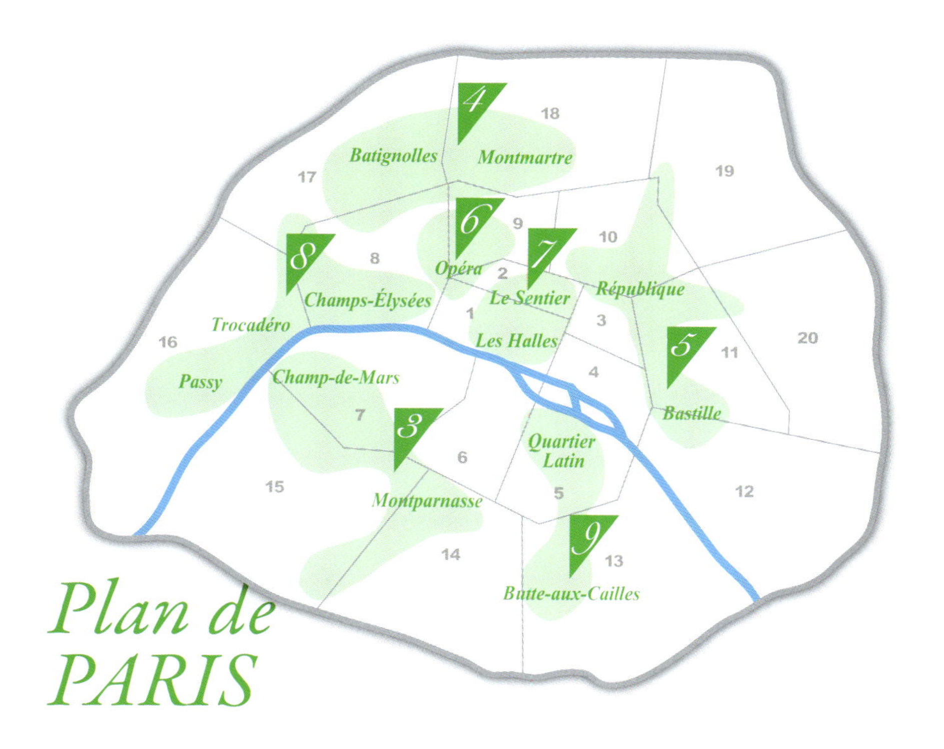

Plan de PARIS

DEBOUT
LA
FRANCE!
Nicolas
DUPONT-AIGNAN
RESTAURANT RAPIDE
LES SAVEURS
PORT
DU CASQUE
OBLIGATOIRE

働く人を見るのが好きだ。もちろんパリには働く人がたくさんいるのだけれど、緑のユニフォームを着て働く彼らの姿は特に印象に残る。街をキレイにし、市民の暮らしをささえる彼らのことが、初めてパリへ訪れたとき以来、気になって仕方がなかった。

Les gens qui entretiennent Paris

パリをささえる人びと

Boulevard de Grenelle［15区］

Chapitre 1

Rue Roger［14 区］
モンパルナスの裏通り。ヴァカンス・シーズンも働く 2 人。

Avenue Mozart［16 区］
高級住宅が並ぶパッスィー地区。右ハンドルで清掃車を操る⇨ P.79

Boulevard Haussmann［8 区］
ルイ 16 世公園近くの真面目で穏やかなムッシュ。彼の仕事ぶりは P.63 に

Rue Saint-Louis en l'Île［4区］
クリスマスの華やいだ街で、１人黙々と仕事を続ける彼の姿に魅せられる

▲Rue Saint-Augustin［2 区］　日本好きの彼とは、別の通りでまた偶然出会う。そのときの様子は⇨ P.72
▼Rue Tronchet［8 区］　プランタン・デパートの近くで働く 2 人の姿は⇨ P.64

Rue Cardinet［17 区］
バティニョールの住宅街でバリバリ働く 2 人。
彼らの活躍は⇨ P.42

パリ市清掃局の
エンブレム

Vert dans le paysage urbain

街並みと「緑」

Boulevard Raspail［7区］

華の都パリ――。瀟洒な雰囲気を醸す統制のとれたその景観は、訪れる誰をも魅了する。そんなシックな街並みに、馴染むのが難しい鮮やかな「緑」。旅行者にとっては大きな違和感もあるだろうが、そこに暮らす人びとには、むしろ馴染みの存在だ。

Chapitre
2

TABAC

朝焼けに染まるサクレ・クール寺院。
ちょっとロマンティックに見えるそんな景色の中に、無造作に置かれた緑のゴミ箱たち。
朝、街を歩くと、こういう光景に出会うことがある（朝にゴミ収集が行われている地区の場合）。
生活があるからこそ生まれるこの違和感がなんとも言えず面白く、パリの街に、さらに親しみを抱いてしまうのだ。

◀ Rue Jean-Baptiste Pigalle［9区］ ▼ Rue Saint-Marc［2区］

Place de la Madeleine［8区］

Place Louis Lépine［4 区］

朝　まだ暗いうちから　彼らはやってくる
寒い朝も
雨が降り続いていても
美しい街を背景に
緑の衣装をまとい　緑のトラックを従えて
緑の箱にいっぱいの
捨てられた物たちを迎えに

Rue des Mathurins［8 区］

Boulevard Edgar Quinet［14 区］

Place Goldoni [2区]

Place Edmond Rostand [5, 6区] ▶

Quick
Quick
OUVERT

McDonald's

Montparnasse / Champ-

モンパルナス／シャン・ドゥ・マルス

Rue des Thermopyles［14区］

モンパルナスは20世紀初頭、多くの芸術家が集まった場所だ。浅学な僕は、モディリアーニ、フジタといった名前こそ聞いたことはあるものの、その作品はすぐに思い浮かばない。それでも街を歩いていて、こんな素敵な小路を発見する。往時の芸術家たちが愛したのも、こんな景色だったのだろうか。

de-Mars

Chapitre 3

Rue Cler［7区］

手書きで大きく住所が書いてあるゴミ箱をよく見るが、ときどきメッセージの書かれているものもある。
このゴミ箱には大きく「Merci（ありがとう）」と。
ゴミ箱の持ち主が、収集作業員の方たちの労をねぎらって書いたものだろう。微笑ましいなぁ。さすがパリ……と、感心しながら写真を撮ったのだが、よく見たら僕の誤解だった。

“ 花屋のです。
このゴミ箱に何も捨てないで。
Merci ”

他人に使わせないための注意書きだった……。

街を美しく保つためにも、この仕事は必要であり、とても重要だと言うズィーコさん。丁寧な仕事ぶりもそうだが、笑みをたたえながら語るそのマスクや姿がカッコいい。
日本の印象について訊ねてみると、「見習うべき良い例」だと答えてくれた。
とても嬉しい答えで光栄だけれど、反対にフランスにも日本が見習うべき素晴らしいところがいっぱいあるように感じる。
お互いに響きあいながら、よりよい未来、世界を築いていけるといいですよね。

Rue Raymond Losserand［14区］

Avenue de Saxe［7区］

2015年12月24日の午後、サックス・ブルトゥイユの市場を訪れた。
クリスマスだからなのか、いつもより出店数が少ないような気がした。それに、心なしか店じまいも早い。
ブルトゥイユ広場側から市場に入り、反対側の端っこまで抜けるとエッフェル塔が正面に見える。だだっ広い路面に、緑色のクシュクシュッとしたものが落ちている。ヒイラギだった。
おそらく市場で売られていたリースの破片だろう。誰かが落としていったものに違いない。
そのくっきりした緑色に惹かれた僕が、まじまじと見つめていると、どこからかホームレスと思しきムッスュがやっ

て来て、太い指でヒイラギをつまみ上げ、それを自分の腰紐の辺りにグイッと挿しこんだ。そして僕に向かって、チョイっとウインクを投げて去って行く。「これは俺がもらったぜ」と言いたげな、イタズラっぽい顔……。
Joyeux Noël！ どうぞよいクリスマスを！

Entrefilet

図書室からナントへ そして、パリの古本市へ

Parc Georges Brassens［15区］

毎週末行われている15区の古本市で、ジュール・ヴェルヌの本（写真右側の緑色の本）を見かけた。
子供時代、ほとんど読書をしなかった僕でも、「海底2万マイル」の名前は知っていた。確か、学校の図書室で借りたこともあると思うが、当時はフランス人作家が書いたものとは認識していなかった。
大人になって、フランス西部の町ナントを訪れた際、町を代表する作家として彼の名を見聞きした。その著作一覧を眺めていて、子供のころのあの本、「海底2万マイル」の記憶と繋がった。
そして、ここパリで、この本に目が留まったのは、数年前、ナントの町なかで、この本と全く同じものを見かけた気がしたからだ。そこでは確か、何かのブティックのショーウインドウに、飾り物という感じで置かれていた。もしかしたら思い違いかもしれないけれど、ここでもまた、ふと、昔の記憶と繋がった。

Boulevard de Grenelle［15 区］

メラニーさん（左頁手前）と、マリー＝ミシェルさん（右頁手前）。この仕事を始めて約２年という若いペアだ。仲良し同士で仕事をしていると、お喋りに花が咲いて、仕事が進まなくなることもあるのではないかと見ていたが、仕事中の２人はいたって真面目。黙々とゴミを集め、坦々と受け持つ路を進んでゆく。
でも、僕が話しかけたときには、仕事中にも関わらず、面倒くさそうな素振りなど一切せず、手をとめ、笑顔で、拙い言葉に耳を傾けてくれた。
２人とも、この仕事が好きだという。いろいろな人との出会いがあり、公共の役にも立つ。そして、もちろん辛いこともあるけれど、晴れた日は、大空の下で気持ちよく働けるのが最高だと。そして、母親でもあるマリー＝ミシェルさんの休日は、小さなお嬢さんと一緒に過ごし、「楽しいけれど、とっても大変！」なのだそうだ。

Rue Albert de Lapparent［7 区］

Entrefilet

「待て！」
——それができない相棒

Rue Frémicourt［15区］

夕食用のお惣菜を買おうと立ち寄った15区のスーパーマーケットで、一匹の犬が入口のところに座っているのが見えた。ご主人が買い物をしている間、お店に入れない犬が、外や入口付近で待っているという、よく見る光景だ。
大人しく待っている子もいるが、その多くは、店内に入っていったご主人が気になって仕方がない。「どこ行ったの？」「早く戻ってこないかなぁ？」と、実に不安そう。
で、そのワンコたち、ご主人への愛が強すぎるのか、お座りの姿勢のまま、ジリっジリっと店内へ進んでいってしまうのだ。ご主人から、「お座り、待て！」と言われているから、きっと自分では動いていないつもりで……。
そのジリジリ感。これが、見ていてとても可愛らしい。店内に犬が入ることは禁止されているのだが、店員さんもお客さんも、みんな笑って見ているだけ。その光景も微笑ましい。

Rue Daguerre［14区］

Montmartre / Batignolles

モンマルトル／バティニョール

Rue de la Bonne［18区］

モンマルトルの丘の頂に建つサクレ・クール寺院——。言わずと知れた美しい建物だが、その後ろ姿に魅力を感じる人も少なくないだろう。対面して感ずるエネルギーとは異なった、控えめで、無防備、何かを秘め、抱き続けているような、少し寂し気な雰囲気。人の後ろ姿も、同じか……。

Chapitre
4

Rue Becquerel［18区］

モンマルトルの丘の北側斜面にある階段で出会ったローレンスさん。人との出会いが、この仕事の魅力の一つだと言う。
日本から来たと言うと、彼女は「日本の街はキレイなんでしょ」と微笑んだ。そして、やや深刻な表情をして、震災と津波の映像を見たと言った。
「本当にひどいことが起こってしまったわね」と気遣ってくれる。あれからおよそ5年を経ても、彼女のように東北のことを気にかけてくれている人が世界中にいるのだ。僕は感謝の気持ちを伝え、同時にパリでのテロ事件について、残念に思い心配していることを告げた。
「そうね。本当に悲しいこと。でも、ほら、私たちはこうやって仕事をして、暮らしていかなきゃ……」
日々、いつも通りに……、ということなのだろう。
取材の最後に、お礼として、日本から持ってきたお菓子と使い捨てカイロを手渡した。
「まぁ、クリスマス・プレゼントね。ありがとう」
「こちらこそ、ご協力ありがとうございました」
「じゃあ、よいクリスマスを！　それから、よい仕事をね！」
「あなたも！」
そう言い合って別れた。

Avenue Junot［18 区］

Boulevard de Courcelles［17 区］

25年間この仕事を続けているというフランソワさん。彼も震災の映像を見、フクシマを心配していると言う。
撮影を終え、休日の過ごしかたについて問うと、一瞬困った顔をした。趣味がいろいろあって一言では語れない、ということらしい。ギター演奏、人形作り、石鹸作り、蜂蜜作り、緑茶作り、などなど。その中で、もっとも没頭しているのが人形作りらしく、ゴミ籠に挿してあるシャベルの柄の先を見ろと言う。
……人形の頭！？　何とコメントしてよいかわからず困っていると、彼が作

Rue Caulaincourt［18区］

った人形の写真を嬉しそうにスマートフォンで見せてくれた。とてもリアルで、更に言葉に詰まる僕。嬉しそうに話を続ける彼。
そこに、毛皮のコートを着たマダムが現れ、彼の話を遮った。「私は宝石でアクセサリー作ってるわよ」指にはめた大きく派手な指輪を見せてくる。
その後、2人は僕そっちのけで、作っている物の見せ合いに……。

Entrefilet

長旅にかかせないコインランドリー

Rue Marcadet［18区］

旅の途中、必ずと言っていいほどお世話になるコインランドリー。
たまたま居合わせた人に使い方を教わったり、仕上がりを待つ人と話をしたり、地元の人たちと交流できる楽しい場所でもある。
以前は、「靴を洗うな！」などの張り紙があったり、壊れたマシンが多かったりと、薄暗くて、やや怖い雰囲気のランドリーが多かったのだが、最近ではマシンも進化を遂げ、ちゃんと乾く乾燥機があるなど、キレイなところが増えてきたような気がする。それに、料金もずいぶん高くなったような……。

「日本はすごくキレイなんだろ？　パリはご覧の通りさ」ちょっと皮肉めいた笑顔で話す彼ら。
「でも、俺たちが今掃除してきたところは、ほら、この通り」振り返って、手で指し示す。
確かにキレイになっている。
この仕事を始めて24年、13年と、彼らのキャリアは長い。ここが住宅地ということもあって、住人たちとも顔なじみのようだ。
２人の写真を撮っていると、お店のマダムがニコニコしながら顔を出して「あなたたち、ついにスターになったのね」と言って冷かしてきたり、カフェから出て来たムッスュに「何珍しいことやってんだ？」と、声をかけられたりしていた。

Entrefilet

柴犬との「再会」

犬好きの僕は、時々モンソー公園に行く。
パリの公園の多くは犬の入場を禁じているが、この公園は犬OK。だから、犬と飼い主さんが集まって、楽しそうにワイワイ・ワンワンやっているシーンをよく見る。
しかも、最近ヨーロッパで流行っているのか、柴犬を見かける。
近寄って話しかけると飼い主さんはとても嬉しそうにしてくれる。なのに柴犬ときたら知らん顔。
おまえさぁ、せっかく同郷のよしみで話しかけてるんだから、もうちょっと愛想よくしなくちゃ、世界でやっていけないよ。

Parc Monceau［8区］

Rue Cardinet [17 区]

Rue des Batignolles [17 区]

Place de Clichy［9区］

美しく　おおらかで　愛らしい
そんな街に　激しい憎悪がぶつけられた
あれから一か月余
整然と並ぶ建物の向こう　冬の空に月が現れた
柔らかく重なる　街と月の灯り
握りしめる　冷たいカメラ
指先に吹きかけた息が粉々になって　深緑の空に消え
悲しみの残像が　澄んだ光に覆われてゆく
……よくなる！　そう　言ってみる
車のクラクションが鳴り渡り
目の前の信号が　また　変わった

Rue de Lévis［17区］

Boulevard de Courcelles［8区］

ゴミ収集作業員は皆、動きや連携に無駄が無く、テキパキ働き、そしてどんどん進んで行く。
だから、なかなか話しかけるのが難しいのだけれど、この優しい若者二人は僕に気づいて、駆けている足を緩め、「どうかしたの？」と近寄って来てくれた。おそらく道でも尋ねられると思ったのだろう。
僕が意図を説明し、撮影させて欲しいことを伝えると、ちょっと戸惑った表情を見せたが、「顔のアップは撮らないでね」と言って、小走りで仕事に戻っていった。

SAUF
MAIRIE DE PARIS

バスティーユと聞き「フランス革命」のことを思い出される方もいるのでは。当時あった牢獄は、もちろん今は姿無く、その場所を型取って敷石が並んでいる。周辺の市場やカフェを窺い見、小路を歩きながら、世界を変えたあの時、この辺りはどんなだったろうと想像する。

Bastille République

バスティーユ レピュブリック

Rue de Cotte［12区］

Cour des Petites Écuries［10 区］

バスティーユ広場から北に伸びる通り沿いに、週に2日、大規模な市が立つ。賑やかな市場を訪ねるのも楽しいけれど、今回は、市場が終わったあとに清掃に入る人たちを取材しようと訪れた。撮影交渉を試みるも、はじめのうちは良い返事をもらえなかった。ところが、「パリにはおよそ225万の人が住んでいる」とか、「20区あって、そこを俺たちがやっている」などと、親切にいろいろ説明をしてくれるので、ふんふんと聞き入っていると、またここでも「日本はキレイなんだろ」と問われた。パリはそうではないと言いたげに……。

僕は素直な感覚として、「パリは以前よりキレイになったと思う」と伝えると、「そうだろ」と誇らしげに言う。「それは、あなた方のおかげだ」と言うと、彼らは嬉しそうに「Merci」と応えた。

その後、作業に入る前に少し時間があるからと、仲間や家族の写真を見せてくれた。そこで日本からのお土産を手渡したりしているうちに、「背中なら撮っていいよ」ということになった。その後、「ほら、あっちのマシンも、こっちのマシンも、どんどん撮れー！」と、いつの間にか、とても協力的に……。

Boulevard Richard Lenoir［11区］

Boulevard Richard Lenoir［11区］

Jardin Hector Malot［12区］

最近の日本ではあまり見かけないが、パリでは、子供はもちろん、ダンディにキメたムッスュや、エレガントなスタイルのマダムも、キックボードに乗って街なかをスイスイ移動している。ここはパリ東部のメニルモンタン。標高がやや高く、町の中心部に向かって一直線に道が伸びているため見晴らしがいい。夕焼けに染まるパリの街を眺めながら、長く続く緩い坂道をキックボードで下って行くのは、気持ちいいに違いない。

Rue de Ménilmontant［20区］

Rue du Faubourg Saint-Denis［10 区］

人権を語り合う

【香山リカ対談集】**ヒューマンライツ**
人権をめぐる旅へ
共著・香山リカ、マーク・ウィンチェスター、加藤直樹、土井香苗、渡辺雅之、青木陽子、小林健治、永野三智
1500円＋税／978-4-907239-16-9

3・11からSEALDsまで
「民主主義」の原点を
見る、読む

【写真集】**ひきがね**
抵抗する写真×抵抗する声
島崎ろでぃー・写真　ECD・文
1600円＋税／978-4-907239-18-3　2刷

国連・「北朝鮮における
人権報告書」を全訳！

日本語訳 **国連北朝鮮人権報告書**
特別付録CD PDFデータ（全文および索引）
市民セクター・訳　宋允復・監訳
8000円＋税／978-4-907239-13-8

韓国の民主化闘争を描いた
グラフィック・ノベルが
立憲主義の危機にある
日本社会を撃つ！

沸点 ソウル・オン・ザ・ストリート
チェ・ギュソク・作
加藤直樹・訳　クォン・ヨンソク・監訳／解説
1700円＋税／978-4-907239-19-0

コロンビアでベストセラーと
なった真実の物語は
「ニッポン・スゴイ」ブームで
消すことはできない！

サバイバー 池袋の路上から生還した人身取引被害者
マルセーラ・ロアイサ
常盤未央子／岩崎由美子・翻訳　安田浩一／藤原志帆子・解題
1800円＋税／978-4-907239-20-6

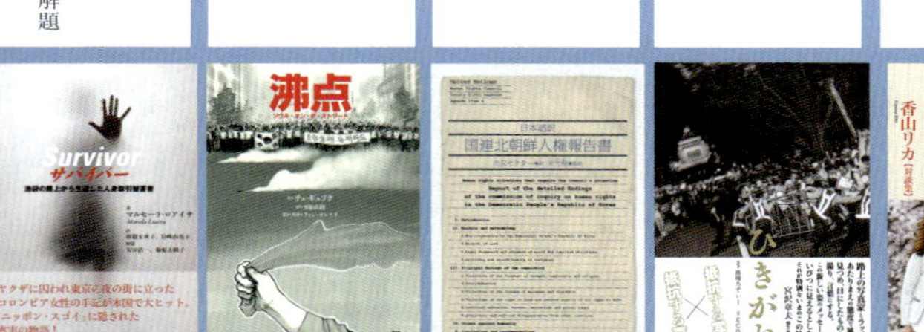

ころから株式会社

〒115-0045
東京都北区
赤羽1-19-7-603

TEL 03-5939-7950

FAX 03-5939-7951

ホームページ
http://korocolor.com

書店のみなさまへ

ころからは、低正味・スピード出荷のために直取引（返品可）をメインにしておりますが、取次経由でのご注文にも対応いたします（返品不可）。

受注専用FAX【フリーダイヤル】

0120－999－968

ころから　既刊ガイド

7人を子育て中の日本人妻エッセイ

サウジアラビアでマッシャアラー！

嫁いでみたアラブの国の不思議体験

ファーティマ松本

1600円＋税／978-4-907239-00-8　2刷

「アジ鉄」写真集の決定版

I LOVE TRAIN

アジア・レイル・ライフ

米屋こうじ

2200円＋税／978-4-907239-01-5

ヘイトスピーチの源泉と行く末を知る

ナショナリズムの誘惑

木村元彦、園子温、安田浩一

1400円＋税／978-4-907239-02-2

Rue Réaumur［3区］

マジックで住所が書かれているゴミ箱をよく見る。
以前は、時間帯を問わず置きっぱなしのゴミ箱が多かったので、僕は、ゴミ箱は公共のもので、皆が勝手にそれをキープするため、名前や住所を書いているのだと思っていた。
でも、どうやらそうではないらしい。
それぞれ個人やお店、建物のゴミ箱があり、それを持っていかれないように、もしくは分かりやすくするために、名前や住所、メッセージを大きく書いてあるようなのだ。

Entrefilet

階段を昇る船とアイデア爺さん

Quai de la Loire［19区］

サン・マルタン運河の水門の横で船の航行を眺めていた。水位の低いところから高いところへと船が進んでゆくそのユニークなオペレーションは見ていて面白い。
パナマ運河などと同じ仕組みなのだが、簡単に説明すると、水門と水門の間に船を入れ、水位を上げ下げすることで高低差のある水路を船が進んでゆくという具合だ。
さて、下流から遊覧船がやってきた。
しばらくして、船の後ろ側の水門が閉められ、船の入ったところにどんどん水が入れられる。徐々に上がってゆく水位。船に乗った人たちと地上の見学者たちの目線が合い、互いに手を振り合う。
大人は子供に、今ここで何が行われているのかを説明し、子供たちは興味深げにその様子を見守っている。
そのとき突然、一緒に並んで見学していたお爺さんが、鉄柵を離れ、蹲った。
具合でも悪くなったのか！　と思ったら、大きな声で何かを話している。……ゼホ、アン、ソワソン・トワ……。
電話だった。電話を受け、筆記具が無かったために、地面にメモをとっていたのだ。
なるほど C' est une bonne idée !（それ名案！）足元がコンクリートでなくてよかったですね。

パリを代表する建築物「オペラ・ガルニエ」を中心とするエリア。ギャラリー・ラファイエットやプランタンなど有名デパートが並び、多くの人で賑わっている。また、日本人街と呼ばれる界隈もあり、旅の途中で和食が恋しくなったら、立ち寄るといいようだ。

Opéra
オペラ

Place de l'Opéra［9区］

NATIONALE DE MUSIQUE
POESIE LYRIQUE
MAIRIE DE PARIS

Plan de
PARIS

Chapitre
6

撒水車が夜も明けきらないオペラ座前広場を掃除していた。
昼間この辺りはたくさんの人で賑わうので、人の少ないこの時間帯を狙って作業をするのだろう。
とにかくテクニックが素晴らしかった。広場の隅から隅まで、障害物にもギリギリぶつからないように車を走らせ、水を噴射しゴミを払い除ける。そして、ちょっと作業の邪魔になっているカップルには、それとなくわからせるように……。

Place de l'Opéra［9区］

公園管理をする方々は、町なかの清掃作業員とはちょっと違う色のユニフォームを着ている。
路上にいることの多い清掃作業員や、ゴミ収集作業員は、危険回避の目的もあるのだろう、目立つ緑色。
公園管理の作業員は反対に目立たない渋めの緑色。
この公園のムッスュはとても穏やかに話す。「写真は撮っていいよ、でも、顔は載せないで」とのことだったので、大きな背中をたくさん撮らせてもらった。

Square d'Estienne d'Orves［9区］

BEST WESTERN
FOLKESTONE
HOTEL

80

サービス精神旺盛な彼らは、ゴミ箱のふたを開けたり閉めたりバタバタやってくれるなど、盛んにパフォーマンスをしてくれる。気持ちはとても嬉しいのだが、日の出前で、どうしてもブレてしまう。かといって彼らの仕事を止めるわけにはいかないし……。
次から次へと場所を変え、ゴミを収集しながら進んで行く。そしてこの通りから去っていくとき、１人のムッスュに、日本のお菓子を渡すことができた。
「(既に離れた場所にいるもう1人の）彼にもあげてください。ありがとうございました」
「Merci」彼はそう言って収集車の後部に乗り50メートルほど進んで降りた。通りの端の辺りで相棒と何やら話している。２人がこっちを向いた。彼らがお菓子を高く掲げながら叫ぶ。「Merci, bonne journée！（ありがとう。よい一日を！）」朝早くからそんな大声出して大丈夫？　っていうくらい大きな声で。
２人を乗せた収集車が角を曲がって行った。

Rue de Castellane［8区］

Rue de Castellane［8区］

収集作業中、住民がゴミ箱を引きずりながら、慌てた様子でやって来た。
「まだいい？」
作業員の彼は、腕時計をポンポンと指で叩いて「時間守れよ」って仕草。
そして、「ほらほら早く、自分でやれよ」と、これまたジェスチャーで指示を出す。
住人はバツが悪そうに、自らゴミ箱を収集車にセットする。
こんな関係、日本ではとても考えられない。

無口でとても穏やかなムッスュ・ギャバン。その佇まいは、優しくも威厳のある校長先生といった雰囲気。
車が来なければ赤信号でも無視して渡るパリ市民も、たまたまなのか彼のそばでは皆信号を守っていて、何だか生徒さんみたい。
後からやって来て信号を無視して道へ出ようとした男性がいた。
その足下のゴミを箒でさらおうと、ムッスュが放つ低い声「Pardon ！（失礼！）」。
男性は足を引っ込めて、気まずそうにしながら、信号が変わるのをちゃんと待っていた。

Boulevard Haussmann［8 区］

Rue de l'Arcade［8 区］

Rue Tronchet［8 区］

サン・ラザール駅の近くで出会ったフロリアンさん。
一人で黙々と仕事を続けている彼の姿をしばらく遠くから眺めていた。路肩のゴミを箒で集め、シャベルで掬い、手押し車のゴミ籠に入れる。通りを進みながら、その作業を繰り返す。途中、どこかで休憩でも取らないかと見ていたのだけれど、そんな様子もない。タイミングを見計らって声をかけた。
イヤホンを外して、耳を傾けてくれる。
「お仕事中すみません。実は、日本でこういう本を作りたいと考えているのですが……」僕は、予め作って持っていたサンプルを見せて言った。
「お仕事されている姿を、写真に撮らせていただけませんか？」
寒い朝だった。赤らんだ頬をキュッと持ち上げ、彼は快諾してくれた。

Rue du Rocher［8区］

Entrefilet

ブランド街で見た「ゆるさ」

ここは、パリ屈指のブランド街。
何の変哲もないスナップ写真だが、「緑色」の部分に注目してほしい。
そう、歩行者用の信号機。
ボルトが外れてしまったのか、逆さまになり、ワイヤー一本でかろうじてぶら下がっている。それでも、アサッテの方向へ向いてしまうことなく、きっちり役目を果たしているのが素晴らしい。
日本じゃ、おそらく考えられない、こういう多少の“ゆるさ”（寛容さ？）も、この国のたまらない魅力の一つだ。

Rue Saint-Honoré［1区］

Les Halles / Le Sentier

レ・アル／ソンティエ

Rue Montmartre［2区］

レ・アル界隈も、常に人が集まる賑やかなエリア。パリのほぼ中心に位置することもあって、バスもメトロも多くの路線が集中している。特に、シャトレとシャトレ-レ・アルの駅には、メトロとRERの路線が合わせて８本通っていて、東京メトロの大手町駅よりすごい。

Passage du Grand Cerf［2区］

Rue d'Aboukir［2区］

Entrefilet

気になってしまう ゴミ箱たちの姿

Rue Saint-Denis［2区］

服の問屋や生地屋などが並ぶパサージュ・デュ・ケールへ行ってみた。途中、サン・ドニ通りを歩いていると、セクシーな姿のお姉様たちが、チラリチラリとこちらを窺いながら、通りに沿って立っている。
ヤバいヤバいと早足になる僕。
それでも個性的なゴミ箱たちの姿はやっぱり気になる。
このボール紙でできた大量の筒、生地屋さんから出たゴミだろうけれど、ウツボやウナギが見たら喜びそうだなぁ……。

左側の大きくて丸っこいグレーの物体は「ガラスビン回収ボックス」だ。
街中どこでも見られるのだが、以前、そのほとんどが下の写真のように「緑色」をしていた。
それがこのところ、どんどんグレーのものに取り替えられている。
年季の入った、大きな青りんごみたいなこの雄姿も、数年後には全てグレーに取って代わられ、見ることができなくなるのだろうか。

また、街なかの設置型ゴミ箱や、中のゴミ袋も、以前は全て緑色のものが使われていた。
それが2013年ころから、公園内にあるものを除き、グレーの筒型格子状のものにどんどん替えられている。街の景観を考えての色彩転換が図られているのだろうか？
確かに、シックで瀟洒な街並みにあふれる、あの「緑」には違和感がある。
しかし、だからこそ面白く魅力的でもあったのだ。
このままでは、いずれパリから、緑色のゴミ箱や、緑色のガラスビン回収ボックスが無くなってしまうのではないか……。不安で、おちおち昼寝もできない今日このごろである。

Rue Étienne Marcel［1, 2 区］

Boulevard de Sébastopol［2 区］

Rue Étienne Marcel［1,2 区］

かつて日本の作業員も、こうやってゴミ収集車の後部に立ち乗りをして、仕事をされていた。
危険が伴うからか、日本では今、ほとんど見ることがないけれど、パリではこの乗車姿をよく見かける。
確かにこの方が仕事の効率はいいだろう。しかし、危ないのも事実。
それでも、少々アブナイことをカッコいいと思ってしまう男子としては、この乗り方に憧れる。

Place Joachim du Bellay［1 区］

細い道でゴミの収集作業が始まると、収集車の後ろに渋滞ができることがある。
道によっては、歩道に乗り上げて収集車の前に出る車やバイクもいるが、それができないとなると、車は仕方なくただ待つことになる。
車のヘッドライトが、収集作業をせっつくように照らすが、彼らはあまり気に留めず坦々と仕事をこなしてゆく。

「ちょっと待ってぇ！」 近くの建物からマダムが飛び出してきた。
オフィスのゴミ出しに間に合わなかったようだ。持ってきたゴミを作業員へ渡そうとする。
作業員はそれを受け取らずに、少し待ってといった仕草。収集車がウィーンと音を上げる。
そして「ほら、今だ。投げて！」と叫ぶ。ぎこちないオーバースローで彼女がゴミを放り込む。

ナイスシュ！ 周りから歓声があがり、細い通りは小さく盛り上がる。
しばらくして収集車が前へ進み、作業員たちも次のスポットへ走る。その後ろを、車が数台、ノロノロとついてゆく。

Rue Tiquetonne［2区］

Rue Saint-Sauveur［2 区］

あまりにも積み上がったゴミから、「ある姿」を思い出した。

“二人の少年が向かい合い、互いの肩を両手でしっかりつかむ。そして一緒に屈む。

屈んだ二人の肩の上に、別の少年が姿勢を低くして乗る。

上に乗った少年を落とさないよう、二人はゆっくり立ち上がる。

続いて、上に乗った少年が立ち上がり、両手をキッと広げる。

小さな塔の完成！”

……という、運動会での組体操を。

Rue Bachaumont［2 区］

PASSAGE BOURG L'ABBE
120
AL
ECG
PARIS
CABINET
FRANCIS JAUMET
01.44.88.58.60
CAFE-BAR

Rue Mandar［2 区］

大事そうに　抱えてきた
それなのにポンと　それを捨てて　蓋を閉め
彼らは　パッサージュへと入ってゆく
暗い道の向こうに　何がある

◀ Passage du Bourg l'Abbé［2 区］

シャン・ゼリゼは夜がいい。特に冬。昼間は曇りがちで、気が滅入ってしまいそうになるその季節も、夜は煌びやか。パリの緯度は、日本で言えば宗谷岬よりさらに北の北緯48度5分。とても寒いのだが、街に広がる柔らかな光を眺めていると、気持ちが“ふっ”と温かくなる。

Champs-Élysées

シャン・ゼリゼ／トロカデロ／

Avenue des Champs-Élysées［8区］

/ Trocadéro / Passy

パッスィー

Plan de
PARIS

Rue de l'Alboni［16 区］

空き缶、空き瓶、ペットボトル、タバコの吸い殻、スナック菓子の袋、紙屑、靴（片方だけ）……。
前方と路肩を相互に確認しながら、路上のゴミをブラシでかき集め、吸い取って行く。大きな音を立てながらゆっくり進んでゆく大型路面清掃車はなかなか迫力がある。
フランスの車は左ハンドルのはずなのに、運転しているムッスュが今、右側にいる。そして実は、これまで登場してきた小型の路面清掃車や撒水車のハンドル位置も……。

Avenue Mozart［16区］

DB·787·JS
80
SEMAT

Avenue de New York［16区］

Avenue des Ternes［17 区］

マルシェ・ドゥ・ノエル（クリスマス・マーケット）を見学していたときのこと。
近くを歩いていた少女が突然、何かを叫んだ。
彼女の指さす方を見上げると、そこに夜空を駆けるサンタが……。

Avenue des Champs-Élysées［8 区］

Avenue du Président Wilson [16区]

Entrefilet

普段通りにふるまうという気概

2015年12月31日夜。シャン・ゼリゼでのカウントダウン・イベントに参加しようと大勢の人が集まっている。
11月に起きた同時多発テロ事件の影響で、今年はイベントの実施を見送るべきだと議論があったようだ。しかし、結局やることにしたのがこの国のこの国らしいところ。何かが起こるかもしれないと、皆それぞれに不安はあったに違いない。それでもこんなにもたくさんの人が、新年を一緒に祝おうと集まってくる。刹那主義なのか、楽天的なだけなのか、まぁ自分のことは棚に上げるとして、もしかしたら、普段通りに振る舞おうとする、彼らの気概なのかもしれない。
そして、もちろんそこには厳重な警備態勢が敷かれていた。

例年は見逃されるはずのシャンパンなどの持込みも、このセキュリティ検査で即没収され、脇にある緑のガラスビン回収ボックス行きとなる。
ちなみに僕も、ボディーチェックと荷物検査を、それぞれ2度受けた。

Avenue des Champs-Élysées [8区]

Quartier Latin / Butte-aux

カルティエ・ラタン／ビュット・オ・カイユ

Villa Daviel［13区］

パリでは、中心部から外側に向かうにつれ、街角で出会う「猫率」が上がるように感じる。都会の真ん中より、車通りの少ない地区の方が飼いやすいということもあるのだろう。美しい藤の咲くこの通りでは、毛色様々な5匹の猫たちと出会った。

-Cailles

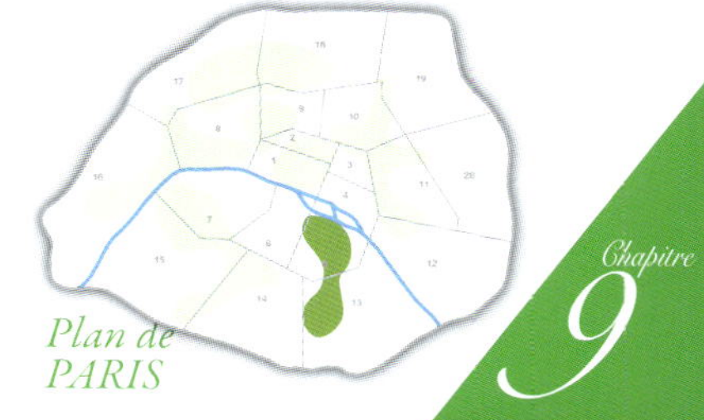

Chapitre 9

Boulevard Saint-Michel［5 区］

もちろんパリの街がいつもこんな状態なわけではない。
これは、美術館や行政施設などが無料公開されるヨーロッパ文化遺産の日に、テクノパレードが行われたあとの状態を撮影したもの。
群衆が去っていくと、一斉に清掃車と清掃員が現れ、ゴミだらけの街をキレイにしてゆく。
町が汚れることを見越して待機していた彼らの仕事ぶりはご覧のとおり（右頁）。

Boulevard Saint-Germain［5 区］

Boulevard Saint-Germain［5 区］

Entrefilet

アイコン化する漢字

Rue Descartes［5区］

ユニークなタトゥーを見ることがある。パンテオンの裏通りで出会った彼の首筋には「誇る」の文字。こんなふうに、日本語をカッコいいと思ってくれるのは嬉しいのだけれど、中には少々ツッコミを入れたくなるものもある。
例えば、肩のあたりに、大きく彫られた「台所」の文字。意味はそっちのけで、そのフォルムが気に入ったということなのだろう。二の腕に彫られた「太腿」というのもあった。胸元に「妻」と入った女性にも出会った。一緒にいた男性の足首に「夫」とあり、微笑ましくも苦笑い。
また、タトゥーではないが、トゥルーヴィルという町の市場で、"二角形" と大きくプリントされたTシャツが売られているのを見たことがある。最初のうちは笑っていたが、その後、その意味の宇宙的奥深さに、しばらく考え込んでしまった。
でも反対に、僕たちが日本で使っているフランス語（マンションの名やTシャツの文字など）にも、フランス人に笑われてしまいそうなのが、きっとあるに違いない。

「ビュット・オ・カイユ」と呼ばれるエリアに「5つのダイヤモンド」という名の通りがある。
道のどこかにダイヤが埋め込まれていることなど当然ない、静かで、ごく普通の通り。ブティックやカフェ、何だかわからない店などが並び、訪れた時間帯もあるのだろうが、賑わいもそれほどない。
どこかの学校の美術の授業だろう、十

数人の若者が、先生らしき男性の少々大げさな弁舌に耳を傾けながら、スケッチブックの上で鉛筆を躍らせている。ぐっと握った鉛筆を前方へ突き出し、親指を立て、片目を瞑って、対象物の高さや幅を測る姿もある。そうそう、その方法、確かに習った覚えがある。シャーッ、シャーッ……と、アスファルトを擦る硬い箒の音が、先生の張りのある声に重なった。

彼らが来るずっと前から、１人の清掃員が、界隈を掃除していたのだ。
ゴミを拾い、集め、水を流し、箒で掃き、流し込み、移動し、それを繰り返す。若者たちが描こうとしているこの街を、それこそダイヤを磨くみたいに、丁寧に、丁寧に。

Rue des Cinq Diamants［13区］

Rue de Médicis［6区］

Rue Abel Hovelacque［13区］

2016年1月——。
前年11月に起きたテロ事件を受け厳戒態勢が敷かれていることもあり、イスラム教のモスケの外では兵士が警戒にあたっている。
そんな物々しい雰囲気の中でも、併設されているサロン・ド・テやレストランは、いつも通りお客さんでいっぱいだ。
モスケの内部は一部が見学できるようになっており、その神秘的な美しさに魅せられる。
急に雲が晴れたのか、外から光が差しこみ、廊下の奥がふっと明るくなった。
静寂に溶け込む緑色の輝き——。
僕がカメラを下すのを待っていてくれたのだろう、強面ヒゲもじゃのムッシュがこちらを見て柔らかく微笑み、目の前を横切っていった。

Grande Mosquée de Paris［5区］

Épilogue

遠足の日の朝だけ早く目が覚めてしまうみたいに、いつも朝寝坊の僕が、パリでは早起きをしてしまいます。
目的は街歩き。パリの朝はとてもフォトジェニックなのです。
街は動きだしています。
仕事へ向かう、ちょっと眠そうな若者たち。マルシェの準備を始める、朝から元気いっぱいのマダムやムッスュ。坦々と街をきれいにしてゆく清掃員やゴミ収集員の方々。皆がとても魅力的です。
パリが好きだと言うと、反対の意見で返

されることがあります。
「えー、あんなゴチャゴチャしたとこぉ？フランスは田舎がいいよ」と。
確かにフランスの田舎は素晴らしいです。僕も大好きで、よく訪れます。
ただ、面白いもの、楽しいシーンを、たくさん写真に収めたいと考えたとき、パリは最高の街の一つではないかと思うのです。
田舎でしか撮れないような、素朴で美しい写真を撮るのはもちろん難しいのですが、パリでは、様々な人や物事が目まぐるしく動きながら混在し、それぞれが関係し合って物語を作っています。

カメラを持って歩いていると、思わず「写真を撮りたい！」と感じてしまう、そんな瞬間がどんどんやって来るのです。
日本人として、また一人の人間として、旅先で出会うちょっとした光景に心が“ほわっ”としたとき、写真を撮るようにしています。
それは、とても心地良い瞬間です。
写真はいわば、その時・その場所・その光景と、自分の心の交流を写したもの。偶然見つけた幸せ、喜び、楽しさ、面白さを、他の誰かにも感じてもらいたくて……。

最後までご覧くださり、ありがとうございます。

また、仕事中にも関わらず、突然現れた変な外国人（僕のことです）の拙い言葉に耳を傾け、協力してくださったパリの清掃員の皆さんにも、改めて感謝を申し上げます。ありがとうございました。

2016年　夏

田中　淳

Profil

著　者　プ　ロ　フ　ィ　ー　ル

写真作家
Photo Artist, Poet and Writer

田中　淳
TANAKA JUN

肩書きについて、僕は自分のことを「写真家」ではなく、少々ぼやかして「写真作家」と言っている。
写真を撮るだけでなく、言葉を紡いでみたり、文章も書いたりするので……という理由もあるのだが、自分を「写真家」というのが、少々おこがましくも感じるからだ。
「写真家」さんは勉強や修行を重ね、獲得したテクニックなどを駆使して写真を撮り、その「写真」そのもので勝負している。
だけど僕には、正直、自慢できるほどのテクニックがない。
技のない僕が写真を撮るために、ちょっとだけ心がけていることは、「いいな」「面白いな」「みんなにも見てもらいたいな」と思える場面にできるだけたくさん出会えるよう、チャンスを作ること。
端的に言えば、いろいろな所に、いろいろな時に出向くこと。
いや、カッコつけ過ぎだな。それは単に、興味本位にウロウロ歩き回ること。
ウロウロするのは、できれば旅先がいい。好奇心がぐんぐん湧いてきて、チャンスを作ることなんか忘れてしまうほど、楽しくなってくる。そして、運がよければ、何かに出会う。
そうして撮った写真は、もちろんそのまま作品にすることもあるけれど、場合によっては、ちょっとアレンジしてみたり、言葉や文章を添えたりして作品にしている。
だから、「写真作家」とか「Photo Artist」なんて言った方がいいんだろうなぁ、と……。
1967年、石川県生まれです。

[website]　旅先で、道草　http://tabisakide.michikusa.jp/

この本が出版される前年の2015年11月13日、パリで大規模なテロ事件が起きました。犠牲になられた方々の無念さ、恐怖、ご家族や関係者の皆さんの悲しみなど、とても想像が及びません。
また、日本で起こった震災についても、未だに前を向くことができない人たちや、どうしようもなく立ち尽くすしかない方々がいらっしゃることを見聞きし、胸が痛みます。
考えてみれば、普通に暮らす私たちにとって、想像を越える、当事者にしか解らないような恐怖や悲しみが、今も地球上のあちこちに溢れています。パリ以外の場所でもテロは起こっていますし、戦争も続いています。
そして自然災害も。
場所だけでなく、時間を軸に考えてみれば、過去から現在まで、それらは無数に存在します。私たちの知らない時にも、知らない所でも、規模の大小に関わらず、たくさん。
私たちは、そんな地球の上で、たまたま、今、ここに生きている。
たまたま今、本当にたまたま、戦争やテロの犠牲にも、自然災害の犠牲にもならずに。
これって、どういうことなのだろう。
そうしたくても、できなかった人たちがいる。生きることさえも……。

Place de la République